阿根廷
国家足球队
官方商品

挚爱蓝白

励志手账

梅西○逐梦

阿根廷足协（中国）办公室 编

北京时代华文书局

图书在版编目（CIP）数据

挚爱蓝白：励志手账 / 阿根廷足协（中国）办公室编 . — 北京：北京时代华文书局，2022.7

ISBN 978-7-5699-4661-1

Ⅰ . ① 挚… Ⅱ . ① 阿… Ⅲ . ① 本册 Ⅳ . ① TS951.5

中国版本图书馆 CIP 数据核字 (2022) 第 118511 号

挚爱蓝白：励志手账

Zhi' ai Lanbai：Lizhi Shouzhang

编　　者：阿根廷足协（中国）办公室

出 版 人：陈　涛
选题策划：董振伟　直笔体育
责任编辑：马彰羚
执行编辑：黄娴懿
责任校对：张彦翔
装帧设计：严　一　贾静洁
责任印制：訾　敬

出版发行：北京时代华文书局 http：//www.bjsdsj.com.cn
北京市东城区安定门外大街 138 号皇城国际大厦 A 座 8 层
邮编：100011　电话：010-64263661　64261528
印　　刷：河北京平诚乾印刷有限公司 010-60247905
（如发现印装质量问题，请与印刷厂联系调换）
开　　本：880 mm×1230 mm　1/32
印　　张：16　　字　　数：106 千字
版　　次：2022 年 8 月第 1 版　　印　　次：2022 年 8 月第 1 次印刷
书　　号：ISBN 978-7-5699-4661-1
定　　价：99.00 元

本书图片由视觉中国及阿根廷足协（中国）办公室提供。

逐梦前行

“我想把冠军献给我的家人，他们总是给我继续前进的力量；

献给我深爱的朋友；

献给所有相信我们的人。”

Messi

“最重要的是，

我想献给那些在疫情时期度过非常糟糕的生活的 4500 万阿根廷人民，

冠军是你们所有人的！”

“当然，还有迭戈，无论他身在何处，他一定都在支持我们。”

“感谢上帝给我的一切，感谢你让我成为阿根廷人！

阿根廷队是冠军！”

Messi

这是 2021 年 7 月 12 日，

梅西率领阿根廷队获得美洲杯冠军之后，

发表的夺冠宣言。

AFA

从穿上蓝白间条衫的那一刻起，

梅西就梦想着为阿根廷队获得冠军荣誉。

他一路在追逐，

一路在为着梦想前进。

或许过程起伏，或许征程漫漫，

但是梅西永不停歇。

不妨让我们去回首，

梅西的逐梦之旅。

2005 年世青赛

这是梅西第一次代表阿根廷队出战世界大赛，

首战梅西未能首发出战，

阿根廷队最终遗憾输了比赛。

Messi

但是在后面的征程中，

梅西成为主宰者，

他率领球队一路过关斩将，

最终夺冠。

AFA

PARA
MARI-BRUNO

整届赛事梅西一共打进 6 球，

在决赛的上下半场各罚入 1 个点球。

该届世青赛，

梅西在赢得金靴奖的同时还赢得了金球奖。

2006 年世界杯

这是梅西参加的第一届世界杯，

年轻的梅西终于迎来在世界大赛亮相的机会。

Messi

小组赛第 2 轮，
梅西替补登场，
上演世界杯决赛圈比赛首秀，
成为阿根廷队历史上在世界杯出场的年龄最小的球员，
他在比赛中贡献 1 个进球和 1 次助攻，
帮助球队 6 ： 0 大胜对手。

AFA
19

但是遗憾的是，

阿根廷队在 1/4 决赛点球大战中输给德国队，

止步八强。

该届世界杯，

梅西出场 3 次，

贡献 1 个进球和 1 次助攻。

2007 年美洲杯

这是梅西第一次参加美洲杯，

小组赛首轮，

梅西助攻埃尔南·克雷斯波破门，

帮助阿根廷队 4 ： 1 战胜美国队。

Messi

1/4 决赛，梅西破门，帮助阿根廷队 4 ： 0 战胜秘鲁队；

半决赛，梅西破门，帮助阿根廷队 3 ： 0 战胜墨西哥队；

但是在决赛中，阿根廷队 0 ： 3 输给巴西队，最终获得亚军。

AFA

AFA
AFA
AFA
AFA
AFA
AFA
8

该届美洲杯，

梅西登场 6 次，打入 2 球，送出 1 次助攻。

个人被评为

赛事最佳年轻球员，

并入选

赛事最佳阵容。

2008 年奥运会

梅西以核心球员身份率领阿根廷国奥队参加北京奥运会。

Messi

小组赛首轮，

梅西贡献 1 个进球和 1 次助攻，

帮助阿根廷队 2 ：1 战胜科特迪瓦队。

AFA
AFA
AFA
AFA

AFA

1/4 决赛，

梅西破门，

并助攻迪马利亚完成绝杀，

帮助阿根廷队 2 ： 1 战胜荷兰队。

决赛对阵尼日利亚队，

梅西助攻迪马利亚完成破门，

帮助阿根廷队1：0取胜夺冠。

2010 年世界杯

梅西第二次出征世界杯，

小组赛第 3 轮对阵希腊队，

梅西首次担任阿根廷队的场上队长，

成为阿根廷队历史上最年轻的队长。

Messi

1/4 决赛，

阿根廷队 0 ： 4 负于德国队，

止步八强。

AFA
10

该届世界杯，

梅西 5 场全勤。

AFA

AFA

但是他仅贡献 1 次助攻，

没有取得进球。

2011 年美洲杯

此次美洲杯在阿根廷举办，

小组赛第 3 轮，

梅西助攻阿圭罗和迪马利亚破门，

帮助阿根廷队在主场 3 ：0 战胜哥斯达黎加队。

Messi

1/4 决赛，

梅西助攻伊瓜因破门，

并在点球大战中首罚命中。

AFA

AFA
10

遗憾的是，

球队最终在点球大战中以 5 ： 6 的总比分负于乌拉圭队，

止步八强。

该届美洲杯，

梅西 4 场全勤，

送出 3 次助攻，

没有取得进球，

个人入选赛事最佳阵容。

2014 年世界杯

这是梅西第三次出征世界杯，

也是他目前为止距离世界杯冠军最近的一次。

小组赛首轮，梅西破门，

帮助阿根廷队 2 ：1 战胜波黑队。

小组赛第 2 轮，梅西在第 91 分钟打入绝杀球，

帮助阿根廷队 1 ：0 战胜伊朗队。

小组赛第 3 轮，梅西梅开二度，

帮助阿根廷队 3 ：2 战胜尼日利亚队，

以小组第一的身份晋级淘汰赛。

AFA

AFA

1/8 决赛，梅西在加时赛阶段助攻迪马利亚完成绝杀，

帮助阿根廷队 1 ： 0 战胜瑞士队。

半决赛，梅西在点球大战中首罚命中，

帮助阿根廷队以 4 ： 2 的总比分战胜荷兰队，晋级决赛。

决赛对阵德国队，梅西首发登场，

历经加时赛，阿根廷队最终以 0 ： 1 的比分小负对手，获得亚军。

该届世界杯，

梅西出场7次，打入4球，送出1次助攻，

个人荣膺

世界杯金球奖，

并入选

世界杯最佳阵容。

2015 年美洲杯

小组赛首轮，

梅西点球破门，

帮助阿根廷队 2 ： 2 战平乌拉圭队。

小组赛第 3 轮，

梅西帮助阿根廷队 1 ： 0 战胜牙买加队，

个人完成国家队百场里程碑。

Messi

1/4 决赛，

梅西在点球大战中首罚命中，

帮助阿根廷队以 5 ： 4 的总比分战胜哥伦比亚队。

半决赛，

梅西三度送出助攻，

帮助阿根廷队 6 ： 1 战胜巴拉圭队，

晋级决赛。

决赛客场对阵智利队，

梅西在点球大战中首罚命中，

但是球队最终在点球大战中 1 ： 4 负于对手，

获得亚军。

该届美洲杯，

梅西 6 场全勤，获得 1 个进球，送出 3 次助攻，

被评为

赛事最佳球员，

同时入选

赛事最佳阵容。

“百年美洲杯”

小组赛第 2 轮，

梅西替补登场，

上演帽子戏法，

帮助阿根廷队 5 ： 0 战胜巴拿马队，

成为阿根廷队历史上首位在非热身赛中替补出场打进 3 球的球员。

Messi

1/4 决赛，

梅西贡献 1 个进球、2 次助攻，

帮助阿根廷队 4 ：1 战胜委内瑞拉队。

Messi

半决赛，

梅西任意球破门，

帮助阿根廷队在客场 4 ： 0 战胜美国队，

同时以 55 个国家队进球超越巴蒂斯图塔，

成为阿根廷队历史射手王。

AFA

决赛再次对阵智利队，

梅西在点球大战中罚丢了点球，

阿根廷队最终在点球大战中 2 ： 4 负于对手，

再次获得亚军。

AFA

AFA

整届赛事中，

梅西出场 5 次，贡献 5 个进球、4 次助攻，

并入选

赛事最佳阵容。

决赛结束后，

梅西宣布退出国家队，

为失利揽责。

在 8 月份，

梅西重回国家队。

2018 年世界杯

小组赛最后一轮，

梅西完成破门，

成为继马拉多纳和巴蒂斯图塔之后，

第 3 位在 3 届世界杯均取得进球的阿根廷球员，

帮助阿根廷队 2 ： 1 战胜尼日利亚队。

Messi

1/8 决赛，

梅西两度送出助攻，

但是阿根廷队最终以 3 ： 4 的比分负于法国队，

止步十六强。

该届世界杯，

梅西 4 场全勤，贡献 1 个进球、2 次助攻。

梅西第 4 次冲击世界杯冠军，

依然未能圆梦。

2019 年美洲杯

本届美洲杯梅西状态不佳。

Messi

在三四名决赛对阵智利队的比赛中，

梅西助攻阿圭罗破门，

帮助阿根廷队 2 ： 1 取胜，

夺得季军。

AFA

梅西个人以 27 次出场超越马斯切拉诺，

成为代表阿根廷队在美洲杯出场次数最多的球员。

该届美洲杯，

梅西出场 6 次，贡献 1 个进球、1 次助攻。

2021 年美洲杯

小组赛第 4 轮，

梅西贡献 2 个进球、1 次助攻，

帮助阿根廷队 4 ： 1 战胜玻利维亚队，

个人以 148 次出场超越马斯切拉诺，

成为代表阿根廷队登场次数最多的球员。

Messi

1/4 决赛，

梅西贡献 1 个进球、2 次助攻，

帮助阿根廷队 3 ： 0 战胜厄瓜多尔队。

半决赛，

梅西助攻马丁内斯破门，

并以 5 次助攻刷新个人单届国际大赛助攻纪录。

决赛对阵巴西队，

梅西首发登场，

帮助阿根廷队在客场 1 : 0 取胜。

梅西职业生涯

首次在国家队夺得大赛冠军。

该届美洲杯，

梅西 7 场全勤，贡献 4 个进球、5 次助攻，

夺得

赛事金球奖和金靴奖，

并入选

赛事最佳阵容。

梅西终于圆了大赛冠军梦。

2022 年世界杯

35 岁的梅西将第 5 次踏上世界杯征程，

再一次向世界杯冠军发起冲击。

Messi

为了心中的梦想，
梅西将和队友们一起
全力以赴。

潘帕斯雄鹰渴望着在卡塔尔翱翔，

梅西也期待自己的逐梦之旅能画上一个圆满的句号。